ALTRE CAUSE DI INFERTILITÀ A DONNE:

Infiammazione dei tubi menopausa precoce

Infezioni nel sistema riproduttivo
Cambiamenti nell'utero
Cambiamenti della tiroide
Tra gli altri.

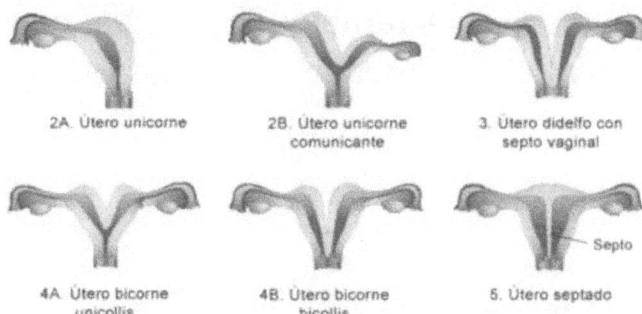

ALGUNAS MALFORMACIONES MULLERIANAS EN EL ÚTERO

Dott. Simone de Moraes.

INTRODUZIONE.

Oltre alla vecchiaia, le principali cause di infertilità nelle donne sono principalmente legate a difetti nella struttura dell'utero o delle ovaie, come un utero settato o endometriosi, e ad alterazioni ormonali, come l'eccesso di testosterone nell'organismo.

Il trattamento per rimanere incinta deve essere guidato dal ginecologo e viene effettuato in base alla causa del problema, potendo utilizzare farmaci antinfiammatori, antibiotici, iniezioni ormonali o interventi chirurgici, per esempio.

Come abbiamo già visto Sindrome di ovaie policistiche e Endometriosi, negli altri libri della Collana, ci concentreremo in questo libro su altre cause di infertilità nelle donne, come ad esempio:

INDICE

INTRODUZIONE
5 MENOPAUSA PRECOCE 14
INFEZIONI DEL SISTEMA REPR.22
ALTERAZIONE DELL'UTERO 25
ALTERAZIONE DELLA TIROIDE 27
CONCLUSIONE 54

1. Infiammazione dei tubi:

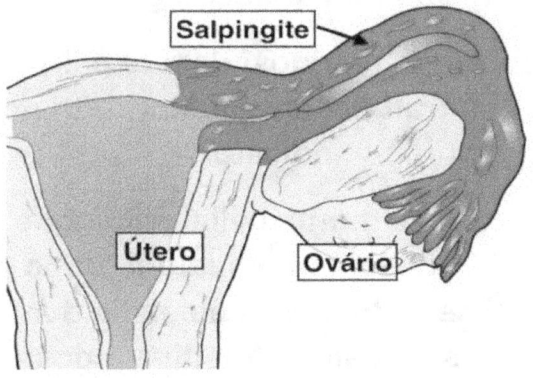

L'infiammazione delle
tube di Falloppio, chiamata
"Salpingite", impedisce la
gravidanza perché non
consente all'uovo di incontrare
lo sperma per formare l'embrione.

Può interessare uno o entrambi i tubi e di solito provoca segni e sintomi come dolore addominale, dolore nei rapporti sessuali, sanguinamento, febbr

Pertanto, è importante che non appena compaiono i primi sintomi di salpingite, la donna vada dal ginecologo

per la diagnosi da fare e il trattamento più appropriato indicato.

I sintomi della salpingite di solito compaiono dopo il periodo mestruale nelle donne sessualmente attive e possono essere piuttosto scomodi.

i principali:

Dolore addominale;

Cambiamenti nel colore o nell'odore dello scarico

vaginale;

Dolore durante il contatto intimo;

Sanguinamento al di fuori del periodo mestruale;

Dolore durante la minzione;

Febbre superiore a 38° C;

Dolore nella parte bassa della schiena;

Minzione frequente;

Nausea e vomito.

In alcuni casi i sintomi possono essere persistenti, cioè durare a lungo, o comparire frequentemente dopo il periodo mestruale, essendo questo tipo di salpingite nota come cronica.

La salpingite è un'alterazione ginecologica in cui si verifica un'infiammazione delle tube uterine, note anche come tube di Falloppio, che nella maggior parte dei casi è correlata all'infezione da batteri sessualmente trasmissibili, come

Chlamydia trachomatis e *Neisseria gonorrhoeae* e possono anche essere correlati al posizionamento dello IUD o come risultato di un intervento chirurgico ginecologico, per esempio.

Un'altra situazione che aumenta il rischio di salpingite è il Malattia infiammatoria pelvica (PID), che di solito si verifica quando una donna ha infezioni genitali non trattate, quindi i batteri correlati all'infezione possono entrare nelle tube e causare anche salpingite

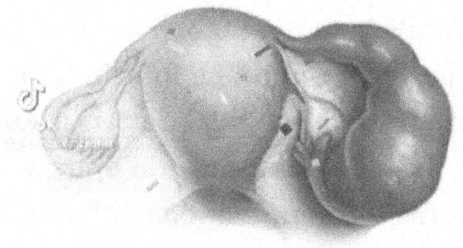

Come viene diagnosticata la salpingite?

La diagnosi di salpingite
viene effettuata dal ginecologo
attraverso la valutazione dei
segni e dei sintomi presentati dal ginecologo

donna e risultati di
prove di laboratorio quali:
Emocromo, PCR e analisi microbiologica della secrezione vaginale, poiché nella maggior parte dei casi la salpingite è correlata ad infezioni.

Inoltre, il ginecologo può eseguire un esame pelvico, "Isterosalpingografia",

che viene fatto con l'obiettivo di visualizzare i tubi di tuba di Falloppio e quindi identificare i segni rivelatori di infiammazione.

È importante che la diagnosi venga fatta il prima possibile in modo da poter iniziare il trattamento e complicazioni come sterilità,

Foto di gravidanza extrauterina sotto.

gravidanza ectopica
e infezioni generalizzate.
Pertanto, è importante che le
donne eseguano esami
ginecologici di routine, anche se
non ci sono sintomi di malattia.

Trattamento della salpingite:

Di solito indica l'uso di antibiotici per circa 7 giorni.

Quindi può essere fatto attraverso un intervento chirurgico per sbloccare il tubo interessato o attraverso l'uso di farmaci per stimolare l'ovulazione.

Come ho detto, il trattamento consiste nell'arrestare l'infezione con gli antibiotici. In alcuni casi gravi, è necessario il trattamento ospedaliero e anche l'ultimo caso, l'intervento chirurgico. Si raccomanda di evitare i rapporti sessuali durante il periodo di malattia.

2. Menopausa precoce:

La menopausa precoce si verifica quando le donne di età inferiore ai 40 anni non possono più produrre ovuli, il che può essere causato, ad esempio, da cambiamenti genetici o trattamenti chemioterapici.

Terapia: solitamente avviene attraverso l'utilizzo di farmaci con ormoni per stimolare l'ovulazione, oltre ad essere necessario per praticare quotidianamente attività fisica e seguire una dieta ricca di fibre, soia, frutta e ve

La menopausa precoce o prematura è causata dall'invecchiamento anticipato delle ovaie, con la perdita di ovuli nelle donne sotto i 45 anni, che causa problemi di fertilità e difficoltà a rimanere incinta nelle donne più giovani.

In una fase iniziale, l'invecchiamento prematuro delle ovaie può essere un problema silenzioso, che non causa sintomi, poiché una donna può continuare ad avere le mestruazioni e, senza saperlo, potrebbe avviarsi verso una menopausa precoc

Se si notano segni e sintomi indicativi della menopausa, come ciclo mestruale irregolare, vampate di calore, sudorazione eccessiva e instabilità emotiva, ad esempio, è importante che venga consultato il ginecologo affinché vengano effettuati test per valutare i livelli di ormoni circolanti nel sangue e test di imaging ginecologico.

I primi sintomi della menopausa

I sintomi della menopausa precoce possono comparire prima dei 45 anni e sono simili a quelli della menopausa ordinaria, che di solito compaiono dopo i 50 anni.
I principali segni e sintomi indicativi della menopausa precoce sono:

Cicli mestruali irregolari, possono esserci lunghi intervalli tra i periodi o completa assenza di mestruazioni;
Ondate di calore senza causa apparente;
Eccessiva sudorazione, soprattutto di notte;
sbalzi d'umore frequenti;

secchezza vaginale;
Diminuzione della libido;
Perdita di capelli;
Difficoltà a dormire e scarsa qualità del sonno.

Questo tipo di menopausa precoce si verifica principalmente nelle donne con una madre o sorelle che hanno attraversato lo stesso problema della menopausa precoce, ma può insorgere anche a causa di altri fattori come il fumo, la legatura delle tube, la rimozione dell'utero e delle ovaie o l'uso di trattamenti come la radioterapia e la chemioterapia. , ad esempio, è importante che venga consultato il ginecologo affinché possa essere identificata la causa della menopausa precoce e, quindi, possa essere avviato il trattamen

Sebbene i sintomi della menopausa precoce siano gli stessi della menopausa comune, è possibile che si facciano sentire più intensamente a causa dell'improvvisa interruzione degli ormoni sessuali.

Come viene diagnosticata la menopausa precoce.

La diagnosi di menopausa precoce deve essere eseguita dal ginecologo, e di solito viene fatta quando c'è un'assenza di mestruazioni o quando è irregolare. Pertanto, di solito il medico consiglia di eseguire esami del sangue che consentano di controllare la quantità circolante nel sangue degli ormoni FSH, estradiolo e prolattina.

Inoltre, poiché l'assenza delle mestruazioni può essere un segno di gravidanza, può essere indicato anche un test di gravidanza.

Il medico può anche raccomandare di eseguire un test genetico.

e test di imaging, come

ecografia pelvica e transvaginale per valutare il sistema riproduttivo della donna.

Cause principali

La menopausa precoce può verificarsi a causa di diverse situazioni che dovrebbero essere indagate dal medico, le principali sono:

Cambiamenti genetici in cromosoma X;

Storia nella famiglia di menopausa precoce;

Malattie autoimmuni;

Carenze enzimatiche, come la galattosemia, che è una malattia genetica caratterizzata dalla mancanza dell'enzima galattosio; Chemioterapia ed esposizione esagerata alle radiazioni, come avviene in radioterapia, o ad alcune tossine come sigarette o pesticidi; Alcune malattie infettive come la parotite, *Shigella* sp. e la malaria, ma queste cause sono più rare.

Inoltre, la rimozione delle ovaie attraverso un intervento chirurgico nei casi di tumore ovarico, malattia infiammatoria pelvica o endometriosi, ad esempio, può causare anche la menopausa precoce nelle donne, poiché non ci sono più ovaie per produrre estrogeni nel corpo.

Trattamento della menopausa precoce

Il trattamento per la menopausa precoce viene solitamente eseguito attraverso la sostituzione ormonale con estrogeni e possono essere utilizzati anche progesterone + estrogeni sostitutivi, che non solo servono ad alleviare i sintomi causati dalla mancanza di estrogeni nel corpo, ma anche a mantenere la massa ossea ed evitare l'insorgere di malattie come l'osteoporosi.

Inoltre, per alleviare i sintomi, il trattamento può essere integrato da una regolare attività fisica e da una dieta equilibrata, che dovrebbe essere composto da cibi integrali, semi e prodotti a base di soia nella dieta, poiché aiutano nella regolazione ormonale.

3. Infezioni del sistema riproduttivo:

Le infezioni del sistema riproduttivo femminile possono essere causate da funghi, virus o batteri che irritano l'utero, le tube e le ovaie, provocando alterazioni che impediscono il corretto funzionamento di questi organi e, quindi, possono rendere difficile la gravidanza.

sotto il virus HPV

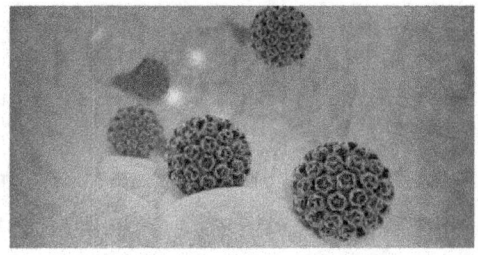

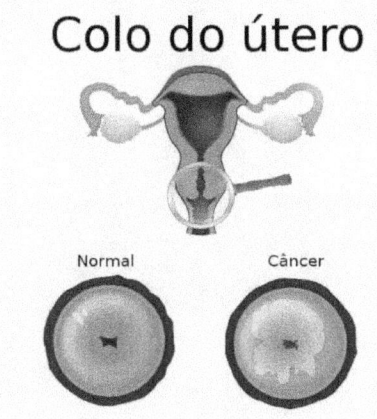

Trattamento delle infezioni nel sistema riproduttivo femminile: queste infezioni possono essere

trattati con farmaci per combattere il microrganismo causativo, come antibiotici e unguenti antimicotici, ma in alcuni casi

l'infezione può causare danni più gravi, rendendo necessario un intervento chirurgico per riparare l'organo colpito.

4. Alterazioni nell'utero:

Alcuni cambiamenti nell'utero, in particolare i polipi uterini o l'utero settato, possono rendere difficile l'impianto dell'embrione nell'utero e causare frequenti aborti spontanei.

Trattamento dei cambiamenti nell'utero: il trattamento di questi cambiamenti avviene attraverso un intervento chirurgico per correggere la struttura dell'utero, consentendo alla donna di rimanere incinta naturalmente dopo circa 8 settimane dall'intervento.

- polipi uterini

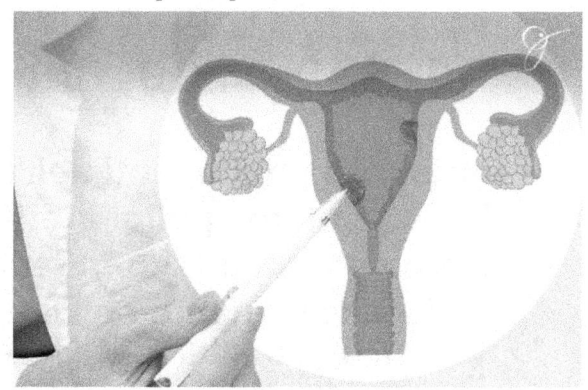

o

utero settato.

ALGUNAS MALFORMACIONES MULLERIANAS EN EL ÚTERO

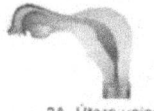
2A. Útero unicorne

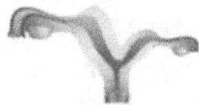
2B. Útero unicorne comunicante

3. Útero didelfo con septo vaginal

4A. Útero bicorne unicollis

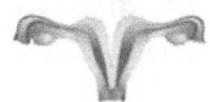
4B. Útero bicorne bicollis

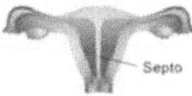
5. Útero septado

5. Cambiamenti della tiroide:

I cambiamenti nella tiroide, come l'ipotiroidismo o l'ipertiroidismo, causano uno squilibrio ormonale nel corpo, interferendo con il ciclo mestruale di una donna e rendendo difficile la gravidanza.

Trattamento tiroideo:

I problemi alla tiroide possono essere facilmente trattati con farmaci per regolare la funzione tiroidea e favorire la gravidanza

Il malfunzionamento della tiroide può verificarsi a causa di vari problemi, e solo la valutazione del medico può differenziarli e confermarli, tuttavia ne citiamo qui alcuni tra i più comuni.

1. Ipertiroidismo o ipotiroidismo.

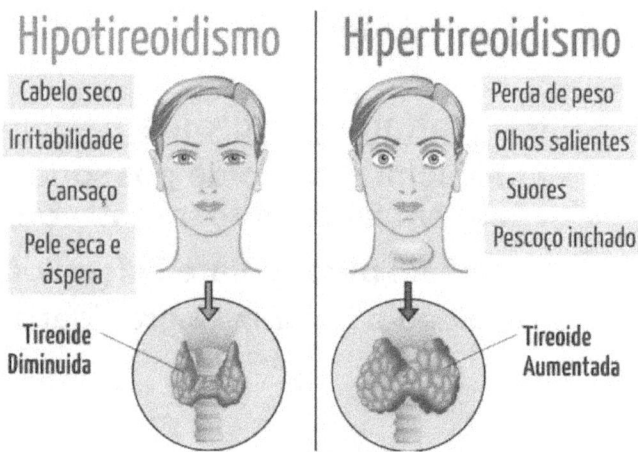

L'ipo e l'ipertiroidismo sono malattie causate da cambiamenti nei livelli degli ormoni secreti dalla tiroide e possono avere cause congenite, autoimmuni, infiammatorie o secondarie ad altre malattie o effetti collaterali dei trattamenti, ad esempio.

In generale, nell'ipertiroidismo c'è un aumento della produzione di ormoni T3 e T4 e una diminuzione del TSH, mentre nell'ipotiroidismo c'è una diminuzione di T3 e T4 con un aumento del TSH, tuttavia possono esserci variazioni a seconda della causa .

Segni e sintomi di ipertiroidismo

segni e sintomi di ipotiroidismo

Aumento della
frequenza cardiaca o
palpitazioni

Stanchezza,
debolezza
e indisposizione

Nervosismo,
agitazione, irrequietezza

lentezza fisica e
mentalmente

Insonnia o
difficoltà a dormire

Difficoltà di
concentrazione e
scarsa memoria

dimagrimento	
	Gonfiore del corpo, sovrappeso
Aumento di sensazione di calore, pelle arrossata, viso roseo	-
	Pelle secca e ruvida
Instabilità emotivo	-
	Stipsi
Diarrea	-
	intolleranza a freddo
Pelle calda e umida	

- Impotenza sessuale

- Gozzo

- la perdita di capelli

- tremore del corpo

- sensazione di freddo

2. Tiroidite - Infiammazione della tiroide.

La tiroidite è un'infiammazione della tiroide, che può verificarsi per diverse cause che includono infezioni virali, come il virus coxsackie, l'adenovirus e i virus della parotite e del morbillo, l'immunità o l'avvelenamento di determinati farmaci, come l'amiodarone, ad esempio.

se stesso

per

La tiroidite può manifestarsi in modo acuto, subacuto o cronico e i sintomi vanno da asintomatici a più intensi, causando ad esempio dolore alla tiroide, difficoltà a deglutire, febbre o brividi, a seconda della causa. tiroidite.

3. Tiroidite di Hashimoto.

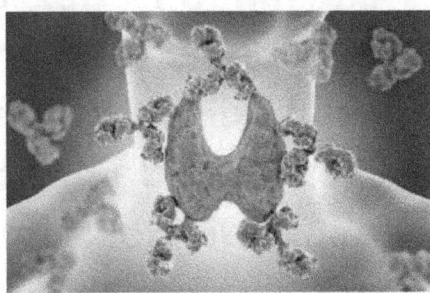

La tiroidite di Hashimoto è a forma di tiroidite autoimmune malattia cronica, che provoca infiammazione, danno cellulare e poi danno alla funzione tiroidea, che potrebbe non secernere abbastanza ormoni nel flusso sanguigno.

In questa malattia, la tiroide di solito aumenta di dimensioni, causando il "gozzo", e possono essere presenti sintomi di ipotiroidismo o alternanza tra periodi di iper e ipotiroidismo. È una malattia autoimmune che genera anticorpi come l'antitiroperossidasi (anti-TPO), l'antitireoglobulina (anti-Tg), il recettore anti-TSH (anti-TSHr).

Di seguito una foto del Gozzo.

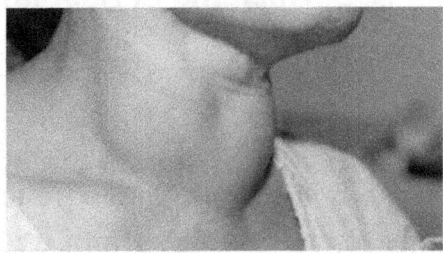

Cos'è la tiroidite di Hashimoto?

Come dicevo prima, la Tiroidite di Hashimoto, detta anche Tiroidite Linfocitica Cronica, è la principale causa di ipotiroidismo.

È una malattia autoimmune in cui gli anticorpi del nostro corpo attaccano e distruggono le cellule tiroidee non riconoscendole come proprie, causando un'infiammazione cronica e possono progredire verso una ridotta attività della ghiandola e danni ai tessuti.

Non è ancora noto cosa causi questa produzione di anticorpi contro la ghiandola stessa.

tiroide, ma ci sono alcuni fattori di rischio per lo sviluppo della sindrome.

Quali sono i fattori di rischio per la malattia di Hashimoto?

L'incidenza di questa malattia è da 5 a 8 volte maggiore nelle donne rispetto agli uomini e può colpire anche bambini di appena 6 anni di età.
Alcuni fattori di rischio contribuiscono all'insorgenza della malattia:

- Donne di età superiore ai 40 anni;
- Predisposizione genetica dovuta alla storia familiare della malattia;
- Persone con anomalie cromosomiche come la sindrome di Down, la sindrome di Turner e la sindrome di Klinefelter;
- Infezione virale o batterica;
- Altri disturbi endocrini come diabete di tipo 1, problemi alle ghiandole surrenali, artrite reumatoide, tra gli altri.

Un altro fattore di rischio è in "l'eccesso di iodio" nella dieta. Sebbene la mancanza di assunzione di iodio sia una delle cause dello sviluppo dell'ipotiroidismo, un suo consumo eccessivo può sviluppare la tiroidite di Hashimoto. Ecco perché è importante bilanciare il cibo!

Quali sono i sintomi della tiroidite di Hashimoto.

I sintomi della tiroidite di Hashimoto di solito compaiono quando progredisce verso l'ipotiroidismo e i segni possono essere molto sottili nei primi mesi e persino negli anni della malattia. I sintomi iniziali includono: affaticamento, aumento di peso, pelle secca e fredda, costipazione.

Con il progredire della malattia, possono comparire altri sintomi più caratteristici, come ad esempio:

- raucedine e pressione al collo dovute a un ingrossamento della tiroide (quello che conosciamo come gozzo);
- depressione, demenza e altri disturbi psichiatrici;
- perdita di memoria;
- intolleranza al freddo;
- caduta dei capelli;

- gonfiore intorno agli occhi
- diminuzione della frequenza cardiaca;
- ipertensione;
- ritardo nel parlato;
- mancanza di coordinazione dei movimenti muscolari volontari e dell'equilibrio;
- dolori articolari e crampi muscolari;
- mestruazioni irregolari;
- diminuzione della libido;
- sonnolenza e apnea durante il sonno.

Come viene diagnosticata la tiroidite di Hashimoto?

Quando si sospetta la malattia, la conferma dell'ipotiroidismo può essere effettuata attraverso test di laboratorio per rilevare i livelli di TSH e T4 libero. Nei casi in cui la tiroide è anormale, i risultati di questi test dovrebbero indicare un TSH alto e un T4 libero basso.

Per confermare l'esistenza della tiroidite di Hashimoto,

è richiesto un test di determinazione e quantificazione degli autoanticorpi

ghiandole tiroidee, dette

anti-TPO e anti-TG.

Altri esami complementari

si può fare per valutare il

metabolismo e funzionamento

la condizione della tiroide,

come l'emocromo completo,

profilo lipidico, creatinina,

prolattina ed ultrasuoni.

Come si effettua il trattamento? Tiroidite di Hashimoto?

Il trattamento della tiroidite di Hashimoto è lo stesso delle altre cause di ipotiroidismo, con l'uso della sostituzione dell'ormone T4.

Il farmaco utilizzato è la levotiroxina sodica, somministrata per via orale tutti i giorni a stomaco vuoto, di solito per il resto della vita del paziente, trattandosi di una malattia cronica. Il follow-up con un endocrinologo è essenziale per misurare i livelli ormonali e regolare il trattamento.

Un altro trattamento, l'intervento chirurgico, è indicato in alcuni casi specifici.
La presenza di un grosso gozzo, con sintomi ostruttivi, come difficoltà respiratorie o

la deglutizione e la presenza di un nodulo maligno o di un linfoma tiroideo suggeriscono la necessità di un intervento chirurgico, noto come tiroidectomia.

Nei casi asintomatici di tiroidite di Hashimoto, è classificato come subclinico e non è richiesto alcun trattamento.

Una malattia cronica che richiede cure.

La tiroidite di Hashimoto, quando provoca sintomi e alterazioni degli ormoni tiroidei, richiede cure e disciplina da parte del paziente. Il trattamento è continuo e il tuo endocrinologo deve monitorare la tua evoluzione

per evitare complicazioni e regolare i farmaci.

Una tiroidite di Hashimoto non trattata può portare a complicazioni come problemi cardiaci e mentali e persino cancro alla tiroide.

Presta attenzione ai tuoi segnali corpo e consultare un endocrinologo in caso di sospetto.

4. Tiroidite postpartum.

La tiroidite postpartum è una delle forme di tiroidite autoimmune, che colpisce le donne fino a 12 mesi dopo la nascita del bambino, essendo più comune nelle donne con diabete di tipo 1 o altre malattie autoimmuni.

Durante la gravidanza, la donna è esposta ai tessuti del bambino e, per prevenire il rigetto, il sistema immunitario subisce diversi cambiamenti, che possono aumentare le possibilità di sviluppare malattie autoimmuni.

Questo cambiamento è di solito manifesta con sintomi di ipotiroidismo, ma non sempre necessita di trattamento perché la funzione tiroidea può tornare alla normalità in 6-12 mesi.

5. Gozzo.

Il gozzo è l'allargamento della tiroide.

Può avere diverse cause, tra cui carenza di iodio, infiammazioni tiroidee dovute a malattie autoimmuni o alla formazione di noduli tiroidei, e può causare sintomi quali senso di costrizione alla gola, difficoltà a deglutire, raucedine, tosse e, nei casi più grave, anche difficoltà di respirazione.

Il suo trattamento varia a seconda con la causa, e può consistere nell'uso di iodio, farmaci per l'iper o ipotiroidismo o, in caso di noduli e cisti, anche nella chirurgia della tiroide.

6. Malattia di Graves.

La malattia di Graves è una forma di ipertiroidismo dovuta a cause autoimmuni e, oltre ai sintomi dell'ipertiroidismo, può presentarsi con ingrossamento della tiroide, occhi sporgenti (retrazione palpebrale), formazione di placche sottocutanee indurite e arrossate (mixedema).

Il trattamento viene effettuato con il controllo dei livelli di ormone tiroideo, con farmaci come il Propiltiouracile o il Metimazolo, ad esempio, o con iodio radioattivo.

7. Nodulo tiroideo.

Non sempre la causa della comparsa di una ciste

o viene scoperto un nodulo tiroideo. Esistono diversi tipi di noduli tiroidei e fortunatamente la maggior parte di essi sono benigni e possono presentarsi attraverso un nodulo nella parte anteriore del collo, che non provoca dolore, ma può essere visto quando la persona ingerisce cibo, ad esempio.

Può essere identificato attraverso la palpazione e test come l'ecografia, la tomografia e la scintigrafia tiroidea, e talvolta il medico può prescrivere una biopsia per conoscerne il tipo e se è benigna o maligna.

Di solito, viene eseguito solo il follow-up del nodulo, tranne quando la persona ha sintomi, quando c'è il rischio di cancro alla tiroide o quando il nodulo cambia aspetto o cresce di oltre 1 cm.

8. <u>Cancro alla tiroide.</u>

È il tumore maligno della tiroide e, quando viene scoperto, devono essere eseguiti esami, come una scintigrafia di tutto il corpo, per sapere se altre parti del corpo sono state interessate. Il trattamento viene effettuato con l'asportazione della tiroide attraverso un intervento chirurgico e potrebbero essere necessarie altre terapie complementari come l'uso di iodio radioattivo, ad esempio. Nei casi di tumori più gravi e aggressivi può essere utilizzata anche la radioterapia.

Come identificare i problemi alla tiroide

I test che possono indicare la presenza di alterazioni della tiroide sono il dosaggio di T3, T4 e TSH nel sangue, oltre ad altri come il dosaggio di anticorpi, l'ecografia, la scintigrafia o la biopsia, che possono essere prescritti dall'endocrinologo per indagare ulteriormente sul motivo le modifiche. .

In altre parole, queste alterazioni della tiroide causano infertilità e devono essere curate, o controllate, per poi pensare al trattamento dell'infertilità presso la clinica di riproduzione umana assistita.

CONCLUSIONE.

Quindi possiamo vedere che non è solo arrivare alla clinica RHA e rimanere incinta, la coppia o la persona deve essere analizzata, osservata, testata, per dare una direzione, da dove viene la causa dell'infertilità.

Tutti devono essere consapevoli che dovranno avere perseveranza, pazienza, determinazione, concentrazione, che sarà per fasi, che a volte dovranno ripetere i processi da 3 a 5 volte e avranno successo.
non deve arrendersi
primo combattimento, della guerra.

Perché ogni guerra ha diversi
combattimenti, per avere alla fine la vittoria.
Anche per nascere, c'è un tempo in
cui l'ovulo deve combattere con
lo sperma, poi lotta per fissarlo
nell'endometrio, lotta per la meiosi
e la divisione, lotta per crescere
e avere spazio all'interno
dell'utero, combatte le
contrazioni, lotta per passare la testa, lotta
Nato...
O pensi davvero che sia solo
rimanere incinta e nascere?
No, tutto ha un processo
di lotte e lotte , fino a
vincere la guerra.

**Grazie.
Dott. Simone de Moraes.**

Riferimenti:

https://emedicine.medscape.com/article/120937/